Tomasz Miller

Przekształcenia obiektów górniczych w obiekty geoturystyczne

Tomasz Miller

Przekształcenia obiektów górniczych w obiekty geoturystyczne

Na przykładzie Górnego Śląska

Wydawnictwo Bezkresy Wiedzy

Impressum / Imprint
Bibliografische Information der Deutschen Nationalbibliothek: Die Deutsche Nationalbibliothek verzeichnet diese Publikation in der Deutschen Nationalbibliografie; detaillierte bibliografische Daten sind im Internet über http://dnb.d-nb.de abrufbar.
Alle in diesem Buch genannten Marken und Produktnamen unterliegen warenzeichen-, marken- oder patentrechtlichem Schutz bzw. sind Warenzeichen oder eingetragene Warenzeichen der jeweiligen Inhaber. Die Wiedergabe von Marken, Produktnamen, Gebrauchsnamen, Handelsnamen, Warenbezeichnungen u.s.w. in diesem Werk berechtigt auch ohne besondere Kennzeichnung nicht zu der Annahme, dass solche Namen im Sinne der Warenzeichen- und Markenschutzgesetzgebung als frei zu betrachten wären und daher von jedermann benutzt werden dürften.

Informacja bibliograficzna Niemieckiej Biblioteki Narodowej: Niemiecka Biblioteka Narodowa rejestruje tę publikację w Niemieckiej Bibliografii Narodowej; szczegółowe informacje bibliograficzne dostępne są w Internecie na stronie http://dnb.d-nb.de.
Wszelkie nazwy znaków firmowych i nazwy produktów wymienione w niniejszej publikacji podlegają prawu ochrony własności przemysłowej i stanowią znaki towarowe lub zarejestrowane znaki towarowe należące do ich właścicieli. Przez fakt użycia nazw znaków firmowych, nazw produktów, nazw zwyczajowych, nazw handlowych, opisów produktów itp., nawet bez dokładnego ich oznaczenia, nie należy rozumieć, że nazwy te nie są objęte prawem ochrony własności przemysłowej i że mogą być wykorzystywane bez ograniczeń.

Coverbild / Okładka: www.ingimage.com

Verlag / Wydawnictwo:
Wydawnictwo Bezkresy Wiedzy
ist ein Imprint der / jest znakiem handlowym
OmniScriptum GmbH & Co. KG
Heinrich-Böcking-Str. 6-8, 66121 Saarbrücken, Deutschland / Niemcy
Email: info@bezkresywiedzy.com

Herstellung: siehe letzte Seite /
Druk: patrz ostatnia strona
ISBN: 978-3-639-89066-2

SPIS TREŚCI

1. Wstęp 3

2. Ogólne pojęcie geoturystyki 5

3. Przekształcanie obiektów pogórniczych 10

4. Likwidacja, zabezpieczenie i adaptacja obiektów pogórniczych 13

5. Geoturystyka – sposób promocji regionu na przykładzie Górnego Śląska 23

6. Budowa geologiczna Górnośląskiego Zagłębia Węglowego 28

7. Wybrane obiekty geoturystyczne na Górnym Śląsku 32

7.1 Zabytkowa Kopalnia Węgla Kamiennego „Guido" w Zabrzu 33

7.2 Zabytkowa Kopalnia Rud Srebronośnych w Tarnowskich Górach .. 37

7.3 Sztolnia Czarnego Pstrąga w Tarnowskich Górach 41

8. Wykaz innych obiektów kopalnych przekształconych w obiekty geoturystyczne w Polsce 44

9. Zakończenie 47

Bibliografia 48

Spis tabel 51

Spis ilustracji 51

1. Wstęp

Praca została wykonana na podstawie materiałów archiwalnych oraz publikacji naukowych. Głównym celem pracy jest opisanie przekształcenia wybranych podziemnych obiektów górniczych w obiekty geoturystyczne. Domyślam się, że większość ludzi podobnie jak ja, przed rozpoczęciem pisania pracy nie zdawało sobie sprawy, iż poza najbardziej znanymi obiektami podziemnymi takimi jak „Kopalnia Soli w Wieliczce", „Kopalnia Soli w Bochni", „Chełmskie Podziemia Kredowe", występują liczne mało znane nie wypromowane obiekty, jednak również niezwykle interesujące.

Zaskoczył mnie obszar Górnego Śląska – kolebka polskiego górnictwa, na którym prowadzone są intensywne prace mające na celu przekształcenie, adaptację i rewitalizację starych kopalń w podziemne trasy turystyczne. Podczas zdobywania materiałów do pracy odkrywałem wiele ciekawych obiektów na terenie kraju, jednak musiałem zdecydować się na wybór kilku, ze względu na to, że nie sposób wszystkie je opisać.

Dzięki wybraniu tego tematu poszerzyłem swoją wiedzę na temat nieznanych mi dotąd obiektów występujących na terenie naszego kraju. W swojej pracy skupiłem się na obiektach mniej znanych ponieważ uważam, iż są one również interesujące i ciekawe. Warto, aby ludzie dowiedzieli się o ich istnieniu oraz poszerzyli swoją wiedzę związaną z tą tematyką jak i z kulturą danego regionu, ponieważ mniej popularne obiekty wcale nie ustępują tym najbardziej znanym. Z drugiej jednak strony warto wspomnieć iż droga, która trzeba przejść aby przekształcić kopalnie w obiekt geoturystyczny jest trudna i zawiła. Wymaga dużego wkładu finansowego oraz zaangażowania wielu specjalistów z różnych dziedzin nauki.

Mój wybór padł na Górny Śląsk. Na obszar gdzie wszystko zaczęło się od przemysłu wydobywczego, który doprowadził do powstania jednego z największych i najstarszych zagłębi górniczych w Europie. Jego skutkiem było utworzenie kopalni, zakładów przemysłowych, infrastruktury, hałd, wyrobisk, osiedli dla górników, maszyn, które na stałe zostały wpisane w krajobraz, stając się charakterystycznymi elementami, kształtowanego na przełomie wielu lat. Należą one do dorobku kulturowego ludzkości, myśli naukowej, rozwoju techniki a także do obiektów zabytkowych.

2. Ogólne pojęcie geoturystyki

Swoją pracę chciałbym rozpocząć od podjęcia próby zdefiniowania pojęcia „geoturystyka". Podstawową cechą każdej dyscypliny naukowej jest posługiwanie się określoną terminologią. Taki zbiór pojęć pozwala na sprecyzowanie przedmiotu badań, celu, metodyki, technik i narzędzi badawczych itp., a więc to co określa każdą naukę. Nowa dziedzina działalności człowieka jaką jest geoturystyka, wkracza w początkowy etap formułowania podstaw naukowych[1]. Nie doczekała się jeszcze precyzyjnej, jednoznacznej definicji. Według niektórych badaczy taka definicja jest niemożliwa do skonstruowania[2]. Geoturystyka jest działem turystyki poznawczej nastawionej na przeżycie, bazującej na poznawaniu obiektów i procesów geologicznych oraz doznawaniu w kontakcie z nimi wrażeń estetycznych[3]. Wiele z nich, ze względu na swoje unikatowe walory, objętych jest różnymi formami ochrony przyrody wynikających z Ustawy o Ochronie Przyrody. Oprócz typowych obiektów przyrodniczych są to także obiekty techniczne tzw. kopalnie, zarówno czynne jak i muzealne.

Geoturystyka jest to odmiana turystki kwalifikowanej, której celem jest prezentacja obiektów przyrody nieożywionej oraz zabytków techniki m.in. górniczej[4].

W latach dziewięćdziesiątych ubiegłego wieku dostrzeżone zostało nowe oblicze turystyki w kontekście poszukiwania nowych form aktywności i rozrywki. Popularność geoturystyki wynika także z dużego zainteresowania obiektami podziemnymi, chęci ich poznania i zobaczenia. Rozwój tej formy wypoczynku jest na tyle intensywny, iż zrodziła się potrzeba utworzenia

---

[1] ALEXANDROWICZ Z., ALEXANDROWICZ S.W, Geoturystyka a promocja dziedzictwa geologicznego.: Użytkowanie turystyczne Parków Narodowych, Inst.Ochr.Przyr. PAN OPN, 2002, s.91-97.
[2] PRZECŁAWSKI K., Człowiek a turystyka, Kraków, 1997.
[3] SŁOMKA T., KICIŃSKA – ŚWIDERSKA A., Geoturystyka – podstawowe pojęcia, Kraków, 2004, tom 1, nr 1.
[4] MIKOŚ T., Metodyka kompleksowej rewitalizacji, adaptacji i rewaloryzacji zabytkowych obiektów podziemnych z wykorzystaniem technik górniczych", Uczelniane Wyd. Naukowo – Dydaktyczne, Kraków, 2005, s.17.

nowego kierunku turystyki o nazwie geoturystyka, która klasyfikowana jest na pograniczu turystyki krajoznawczej i kwalifikowanej. Wkracza ona w obszar interdyscyplinarnej działalności naukowej, lokując się między geologią i ochroną przyrody nieożywionej a turystyką. Wynikiem czego jest powstawanie wielu obiektów geoturystycznych – są to takie obiekty, które mogą stać się po odpowiednim wypromowaniu i uprzystępnieniu, przedmiotem zainteresowania turystycznego[5].

[5] SŁOMKA T, KICIŃSKA – ŚWIDERSKA A., „Geoturystyka – podstawowe pojęcia", Kraków, 2004, s.6.

Obiekty geoturystyczne są grupą niezwykle różnorodną i możemy je sklasyfikować[6] uwzględniając różne kryteria:

- ***geologiczno – geomorfologiczne:*** (np. góry, morza, wulkany, skałki, kaniony, przełomy, wodospady, pustynie, lodowce, jeziora, jaskinie i inne);
- ***sposób udostępnienia:***
  - w naturalnym środowisku przyrodniczym;
  - w środowisku przekształconym (kopalnie, kamieniołomy, przekopy);
  - w wytworach kultury materialnej człowieka (budowle i elementy ich wyposażenia);
  - w ekspozycjach muzealnych;
- ***miejsce występowania:***
  - na powierzchni Ziemi;
  - pod powierzchnią;
  - pod wodą;
- ***liczba obiektów:***
  - indywidualne;
  - zespołowe (grupowe);
- ***wielkość (skala):***
  - globalne - wyraźnie wyodrębnione w skali Ziemi (oceany, lądy, lądolody);
  - regionalne - wyraźnie wyodrębnione w skali kontynentu (wielkie łańcuchy górskie, wyżyny, duże jeziora, rzeki, doliny, kaniony, pustynie);

---

[6] SŁOMKA T, KICIŃSKA – ŚWIDERSKA A., „Geoturystyka – podstawowe pojęcia", Kraków, 2004, s.6.

* lokalne – wyodrębnione w skali rejonu fizjograficznego (stożki wulkaniczne, pojedyncze szczyty górskie, mniejsze rzeki, jaskinie) i inne.

Przykładami obiektów geoturystycznych występujących w środowisku naturalnym są: Kanion Kolorado, wodospad Niagara, gejzery Yellowstone w Ameryce Północnej, wulkany Wezuwiusz i Etna, klifowe wybrzeża Normandii, fiordy w Norwegii, pustynia Sahara, wulkan Kilimandżaro, Wielki Rów tektoniczny i jezioro Natron w Afryce, wodospady Iguazu, jezioro Titicaca, lodowiec Perito Moreno w Ameryce Południowej, Wielka Rafa Koralowa, Ayers Rock w Australii, Himalaje, wąwozy Jangcy i Morze Martwe w Azji.

W Polsce do najbardziej znanych należą: przełom Dunajca w Pieninach, rzeźba polodowcowa Tatr, wydmy łebskie, skałki jurajskie w okolicach Krakowa, wąwozy lessowe na Lubelszczyźnie, jaskinie Niedźwiedzia w Kletnie czy Raj koło Kielc[7].

Obok typowych obiektów geoturystycznych występujących w środowisku naturalnym są to także liczne obiekty techniczne (kopalnie czynne i muzealne) służące eksploatacji i przeróbce kopalin. Do najciekawszych na świecie należą: kopalnie Soli w Salzburgu, kopalnie złota i zakład przeróbki rudy w Silvertson (Kolorado - USA), skansen i kopalnie złota w Ballarat (Australia), salar de Uyuni (Chile), a w Polsce: kopalnia soli w Wieliczce, kopalnia krzemieni w Krzemionkach Opatowskich, kopalnia złota w Złotym Stoku, szyby naftowe w Bóbrce, tężnia w Ciechocinku[8].

---

[7] MIŚKIEWICZ K., „Czy obiekt geoturystyczny może być chroniony" w http://planetaziemia.pan.pl/ /Geotur/05_geotur_01_tx.htm, dostęp: sierpień 2011.
[8] MIŚKIEWICZ K., „Czy obiekt geoturystyczny może być chroniony" w http://planetaziemia.pan.pl/ /Geotur/05_geotur_01_tx.htm, dostęp: sierpień 2011.

Do atrakcji geoturystycznych mogą także należeć niektóre formy ochrony przyrody, jeżeli spełniają wymóg atrakcyjności turystycznej, są to:

- ***pomniki przyrody nieożywionej*** (np. dąb Bartek w gminie Zagańsk),
- ***ścieżki dydaktyczne*** (np. ścieżki na terenie parków narodowych),
- ***stanowiska dokumentacyjne*** (np. ściana skalna w Radkowie),
- ***geoparki*** (np. Geopark Kielce).

3. Przekształcanie obiektów pogórniczych

Pojawienie się pomysłów ratowania podziemnych obiektów pogórniczych i przekształcania ich w obiekty geoturystyczne, stanowi nie lada wyzwanie dla inżynierów górnictwa, ze względu na bardzo nietypową dziedzinę działalności budownictwa górniczego i geotechnicznego. Wszystko to za sprawą odmienności podziemnych budowli, które pomimo pozornych podobieństw posiadają różnorodny charakter: pochodzenia, przeznaczenia, czasu powstania, występowania w różnych ośrodkach skalnych o innych parametrach geotechnicznych.

Co jakiś czas odkrywane są i udostępniane podziemia. Zabezpieczenie każdego stawia nowe wyzwanie dla specjalistów. Dlatego też do każdego obiektu należy podejść indywidualnie, wymusza to rozwój prac badawczych i naukowych, mających na celu przywrócenia tym obiektom dawnych wartości archeologicznych, historycznych bądź też użytkowych np. w postaci udostępnienia zwiedzającym podziemnych tras turystycznych, podziemnych komór – sanatoriów, historycznych kopalni – muzeów itp..

Najważniejszym zadaniem dla osób przekształcających obiekty podziemnych tras geoturystycznych będzie dokładne przygotowanie ich od strony górniczo – budowlanej. Prace te muszą zagwarantować całkowite bezpieczeństwo turystów przebywających w podziemiach. Niezbędne jest wykonanie kompleksowych badań odmiennych dla każdej z tych tras, w celu zapewnienia stateczności i bezpieczeństwa wyrobiska. Wszystkie te zabiegi związane są z inną specyfiką górotworu (ośrodka skalnego), charakteryzującego się różnymi parametrami geotechnicznymi. Celem pracy jest przywrócenie do „życia" dawnych nieczynnych obiektów pogórniczych i zaadaptowanie je do celów turystycznych, nadając im nowe funkcje użytkowe w postaci zagospodarowania i rozbudowy udostępnionych podziemi.

Zakres tych czynności można podzielić[9] na trzy podstawowe grupy:

- rewitalizacja nieczynnych kopalń i podziemnych wyrobisk;
- zabepieczenie, ochrona wyrobisk i rewaloryzacja udostępnionych już podziemi;
- modernizacja, rekonstrukcja i dalsza rozbudowa istniejących zabytków podziemnych.

Ich efektem jest przywrócenie zabytkowym kopalniom i sztolniom nowych funkcji, po wcześniejszym zabezpieczniu. W tym znaczeniu przedstawiony program ochrony i zagospodarowania zabytkowych podziemi stwarza niepowtarzalną szansę uratowania najbardziej wartościowych, unikatowych wyrobisk[10]. Wiele podziemi stanowi obecnie rezerwaty przyrody, ma status pomników przyrody, należy do światowego dziedzictwa kulturowego i przyrodniczego. Przy realizacji przedsięwzięcia niezbędna jest współpraca specjalistów różnych dziedzin zarówno technicznych, humanistycznych jak i konserwatora zabytków. Wszelkie te działania mają na celu zapewnienia zarówno bezpieczeństwa jak i wiernie odwzorowanych szczegółów artystycznych, znajdujących się w podziemiach. Udostępnione nam dzieła podziemnej architektury posiadają wartości historyczne, estetyczne i użytkowe są przeobrażone zarówno siłami przyrody, jak i działalnością ludzką. Przedstawiają one ludzkie osiągnięcia.

Należy również zastanowić się nad sposobem udostępniania turystom przekształconych obiektów geoturystycznych. Występuje tutaj konflikt pomiędzy ochroną zabytków a turystyką.

---

[9] MIKOŚ T, „Metodyka kompleksowej rewitalizacji, adaptacji i rewaloryzacji zabytkowych obiektów podziemnych z wykorzystaniem technik górniczych", Uczelniane Wyd. Naukowo – Dydaktyczne, Kraków, 2005, s.27.
[10] Ibidem, s.28.

Metody są dwie:

- całkowite zamknięcie dostępu do obiektu np. (groty kryształowe w Wieliczce),
- bądź udostępnianie obiektu pod pewnymi warunkami.

Warunki te są kluczowe, będą one decydować w jakim stopniu obiekt będzie użytkowany. Stosując drugą metodę zyskujemy bardzo wiele: wpływ pieniędzy z turystyki na realizowanie celów ochrony przyrody, podnoszenie świadomości ekologicznej społeczeństwa poprzez edukację, stałą kontrolę nad stanem zachowania obiektu i jego otoczenia. Przykład *grot kryształowych* pokazuje jednak że nie zawsze można stosować, wydawałoby się, lepszą drugą metodę, dlatego trzeba umieć wybrać i pogodzić turystykę z ochroną. Nie wszystko można udostępnić, a to co udostępniamy, musimy zabezpieczyć i mądrze z tego korzystać.

Dopiero po wykonaniu pełnego zakresu prac zabezpieczających pod ziemią (zabezpieczeniu wyrobisk a także wzmocnieniu otaczającego górotworu), można przystąpić do prac konserwacyjno – modernizacyjnych wraz z dalszą rozbudową istniejących zabytków podziemnych[11].

[11] Miśkiewicz K., „Czy obiekt geoturystyczny może być chroniony" w http://geoturystyka.blogspot. com/2011/05czy-obiekt-geoturystyczny-moze-byc.html, dostęp: maj 2011.

4. Likwidacja, zabezpieczenie i adaptacja obiektów pogórniczych

Górotwór przed powstaniem każdej kopalni był jednostką pierwotnie nienaruszoną działalnością człowieka. Jego powierzchnia nie podlegała wpływom górnictwa, istniały pierwotne warunki geotechniczne i hydrogeologiczne. Niszcząca eksploatacja doprowadziła do nieodwracalnych zmian zarówno w środowisku naturalnym jak i w pierwotnych naprężeniach skał.

W 5 rozdziale Prawa Geologicznego i Górniczego dotyczącego „Likwidacji zakładu górniczego" artykuł 80 zwraca uwagę na wykonanie przedsięwzięć mających na celu zabezpieczenie różnego rodzaju dóbr podczas likwidacji kopalni, które można podzielić[12] na dwie grupy:

- środowisko, ze szczególnym uwzględnieniem złóż zarówno eksploatowanych przez przedsiębiorcę (likwidowaną kopalnię), jak i zakłady sąsiednie,
- dobra w postaci wyrobisk górniczych, a także obiektów i urządzeń likwidowanego zakładu, w tym również o charakterze zabytkowym.

Przez wiele lat nie zwracano uwagi na zabezpieczanie zabytkowych wyrobisk tylko na ochronę powierzchni przed deformacjami nieciągłymi. Idea ratowania zabytków zarówno podziemnych jak naziemnych powstała 60 lat temu na uczelni AGH w Krakowie. Została ona nazwana metodą Zalewskiego – Strzeleckiego od nazwiska twórców. Stała się schematem ratowania obiektów zabytkowych. Ujednolicała zakres dokumentacji technicznej. Sposób jej opracowania, weryfikacje i wykorzystania. Zwracała uwagę na koordynacje prac budowlanych jak i kontrolę i analizę destrukcji materiałów.

[12] MIKOŚ T, „Metodyka kompleksowej rewitalizacji, adaptacji i rewaloryzacji zabytkowych obiektów podziemnych z wykorzystaniem technik górniczych", Uczelniane Wyd. Naukowo – Dydaktyczne, Kraków, 2005, s.47.

Metoda Z – S podkreślała znaczenie kompleksowej stabilizacji podłoża gruntowego w rejonie zabytkowego obiektu przed przystąpieniem do kosztownych prac remontowo budowlanych[13]. Wykonana była zarówno w kopalni soli w Wieliczce jak i w Bochni.

Tadeusz Mikoś zaprezentował niedawno nową koncepcję „*kompleksowego ratowania, rewitalizacji i zagospodarowania podziemnych obiektów zabytkowych*". Zawiera szczegółowy program prowadzący do udostępniania turystom zabytkowych sztolni i kopalń. Przedstawia ona również efekt zaadaptowanych już obiektów jak i aktualnie projektowanych. Cały program ma na celu minimalizację niebezpieczeństwa osób zwiedzających. Zasadnicze różnica pomiędzy metodą Z – S a nową koncepcją wynika z konieczności kompleksowej współpracy specjalistów różnych dziedzin inżynierii górniczej ze specjalistami i rzeczoznawcami z zakresu muzealnictwa górniczego, historii, archeologii, konserwacji zabytków, architektury, organizatorów turystyki, która jest niezbędna podczas przywracania obiektom wartości historycznych i użytkowych. Wymaga również znajomości podstaw prawnych w danym kraju do funkcjonowania tras podziemnych. Nowa idea podzielona została na pięć bloków tematycznych, które dzielą się na mniejsze grupy zadaniowe. Opisują one metodę lokalizacji starych wyrobisk, ocenę i ropoznanie górotworu, obliczenia geotechniczne, sposoby zabezpieczania, udostępniania i ochronę wyrobisk, modernizację wnętrz wykorzystaną w udostępnionych już zabytkowych kopalniach i sztolniach.

---

[13] MIKOŚ T, „Metodyka kompleksowej rewitalizacji, adaptacji i rewaloryzacji zabytkowych obiektów podziemnych z wykorzystaniem technik górniczych", Uczelniane Wyd. Naukowo – Dydaktyczne, Kraków, 2005, s.50.

Tab.1 Zbiorczy schemat postępowania w programie kompleksowego i uniwersalnego zagospodarowania zabytkowych podziemi górniczych:

- **kwerenda informacyjna,**

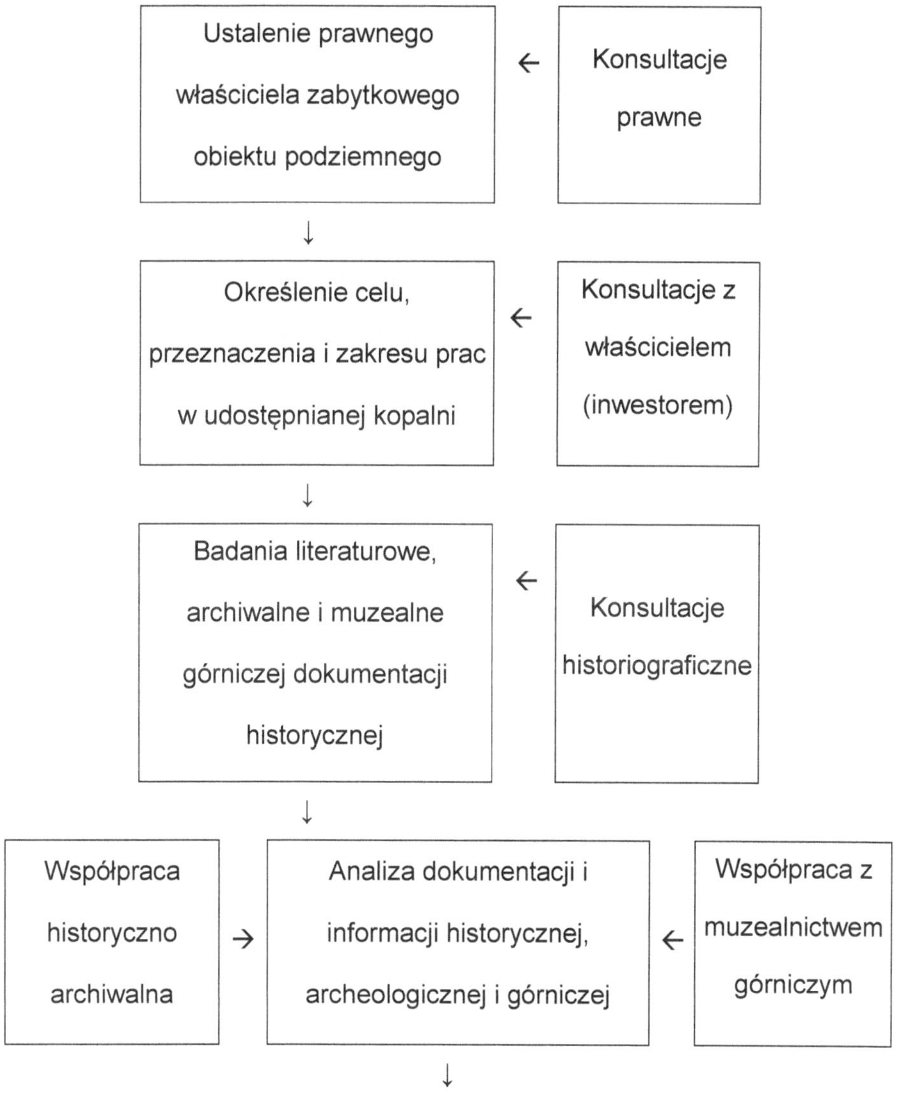

- **rozpoznanie i ocena stateczności górotworu i wyrobisk,**

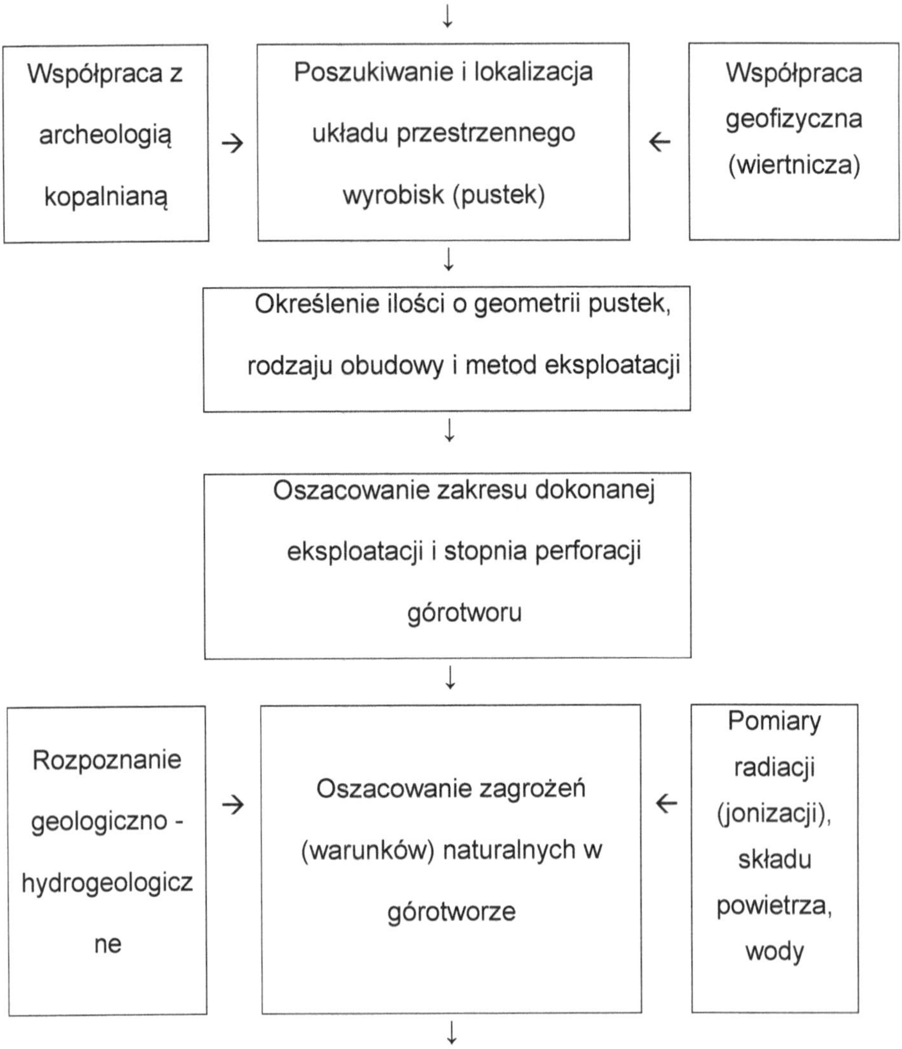

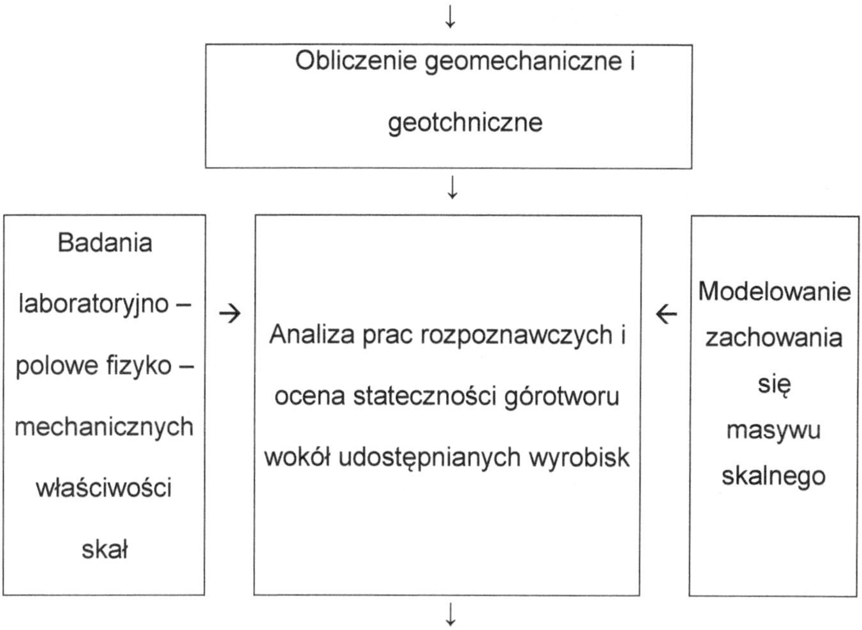

- **inwentaryzacja wyrobisk,**

- **zabezpieczanie i adaptacja wyrobisk,**

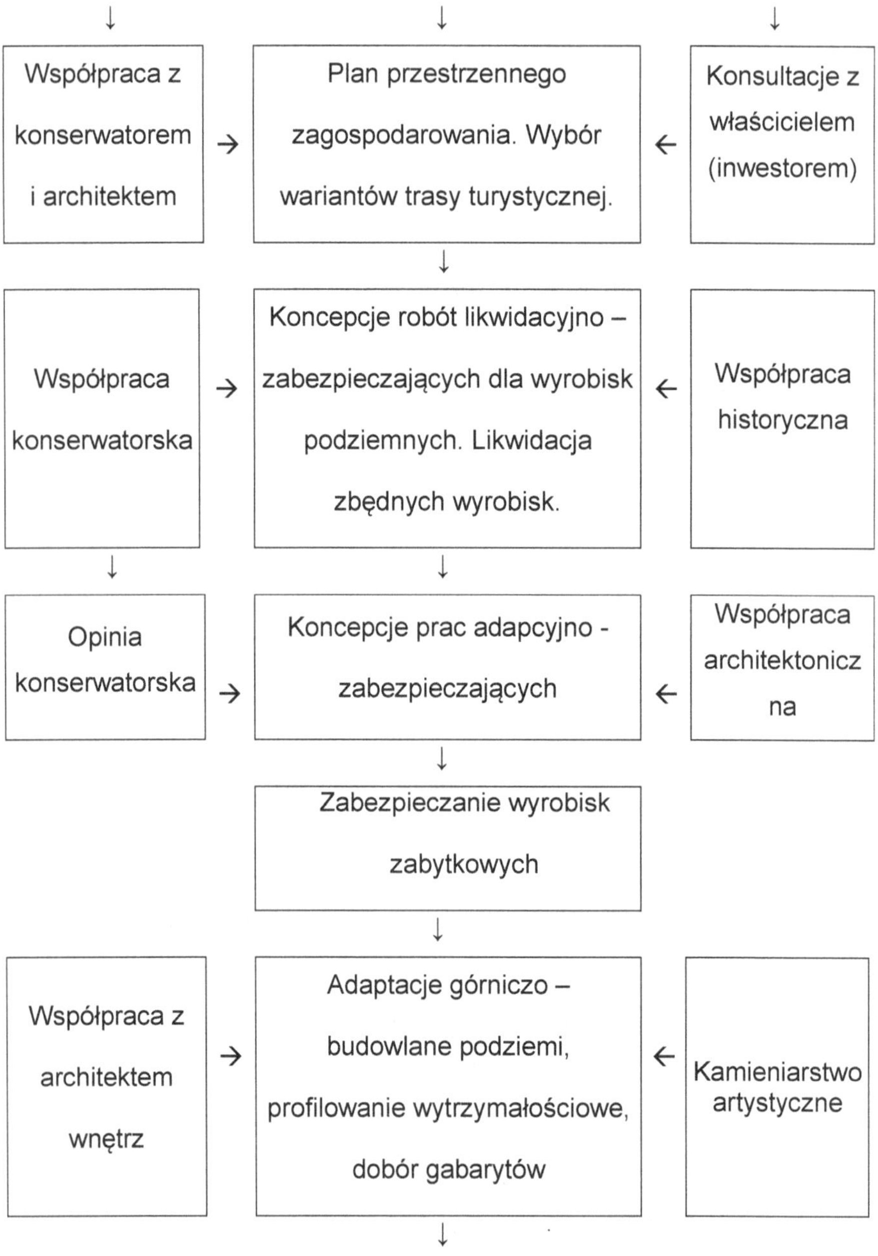

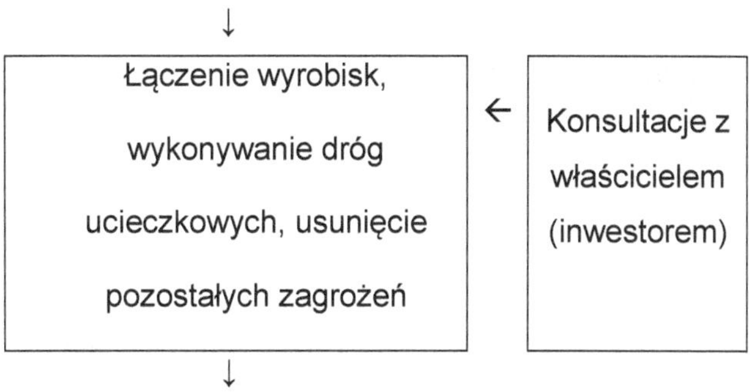

- **bezpieczeństwo zwiedzających, ochrona i modernizacja podziemi.**

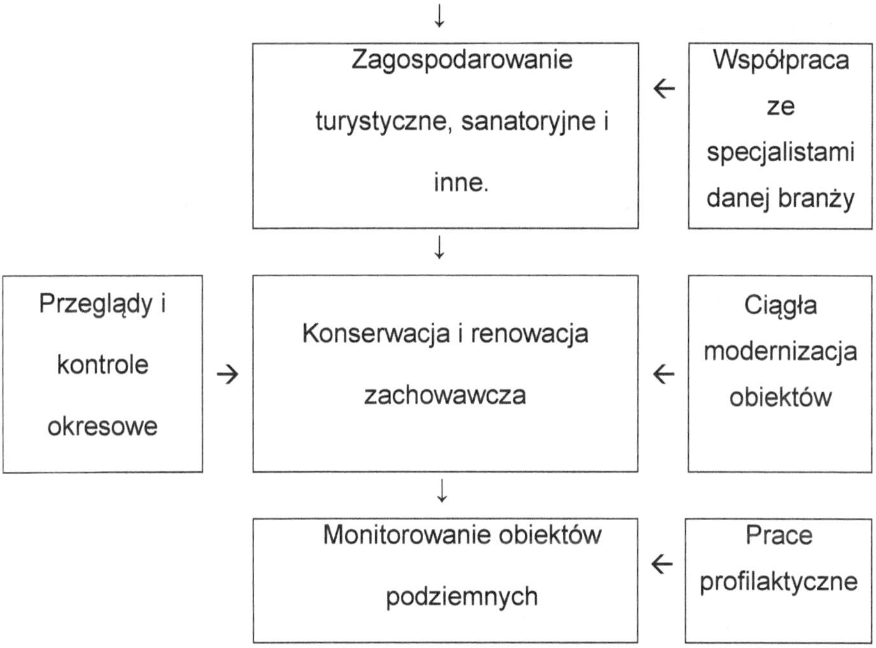

Źródło: MIKOŚ T, „Metodyka kompleksowej rewitalizacji, adaptacji i rewaloryzacji zabytkowych obiektów podziemnych z wykorzystaniem technik górniczych", Uczelniane Wyd. Naukowo – Dydaktyczne, Kraków, 2005, s.55.

Z geomechanicznego punktu widzenia program zwraca dodatkową uwagę na aspekty takie jak[14]:

- cechy charakterystyczne starych kopalń,
- rozpoznanie układu przestrzennego wyrobisk podziemnych wraz z ich elementami historycznymi,
- określenie zagrożeń górniczo – geologicznych,
- techniki urabiania skał w starych kopalniach,
- oszacowanie w wyniku badań laboratoryjnych wielkości parametrów fizyko – mechanicznych i wytrzymałościowych górotworu w rejonie projektowanego obiektu zabytkowego i analizę tych wyników,
- objawy destrukcji w zastosowanych materiałach i konstrukcjach zabezpieczających chroniony obiekt,
- możliwość wystąpienia na skutek zawodnienia, zawilgocenia, starzenia się, intensywnej wentylacji itp. korozji, która powoduje obniżenie parametrów fizyko – mechanicznych i wytrzymałościowych skał oraz użytych w przeszłości materiałów budowlanych, a także zagrożenia powierzchni terenu deformacjami nieciągłymi,
- konieczność likwidacji zbędnych wyrobisk metodą podsadzania oraz kontrola jej stosowania,
- możliwość zastosowania sztucznych filarów o odpowiednich parametrach i nośności,
- analiza stateczno – wytrzymałościowa poszczególnych rozwiązań technicznych w zakresie stabilizacji i wzmocnienia podziemnych obiektów chronionych,
- prowadzenie obserwacji pomiarowych wokół obiektów i na powierzchni.

---

[14] MIKOŚ T, „Metodyka kompleksowej rewitalizacji, adaptacji i rewaloryzacji zabytkowych obiektów podziemnych z wykorzystaniem technik górniczych", Uczelniane Wyd. Naukowo – Dydaktyczne, Kraków, 2005, s.29.

Wymagania ustawy – *„Prawo Geologiczne i Górnicze"* obowiązującej od 1994 roku chroni prawnie jedynie wyszczególnione siedem podziemnych tras turystycznych.

Tab. 2 Podziemne trasy turystyczne w Polsce objęte przepisami Prawa Geologicznego i Górniczego i będące pod nadzorem Konserwatora Zabytków

L.p.	**Nazwa trasy**	**Miejscowość**	**Cel prowadzenia prac**
1.	Kopalnia Soli „Wieliczka"	Wieliczka	Ochrona zabytków, utrzymanie podziemnego sanatorium, likwidacja zbędnych wyrobisk
2.	Skansen Podziemny „Guido"	Zabrze	Ochrona zabytków i likwidacja wyrobisk
3.	Skansen Górniczy „Królowa Luzia"	Zabrze	Ochrona zabytków i likwidacja zbędnych wyrobisk
4.	Kopalnia Soli „Bochnia"	Bochnia	Ochrona części zabytkowej kopalni, obiektów zabytkowych na powierzchni, likwidacja zbędnych wyrobisk, budowa i utrzymanie podziemnego sanatorium
5.	Sztolnia Czarnego Pstrąga	Tarnowskie Góry	Ochrona zabytków
6.	Kopalnia Zabytkowa – Muzeum	Tarnowskie Góry	Ochrona zabytków
7	Muzeum Przemysłu i Techniki ZG „Julia"	Wałbrzych	Ochrona zabytków, utrzymanie systemu odwadniania, likwidacja zbędnych wyrobisk

Źródło: MIKOŚ T, „Metodyka kompleksowej rewitalizacji, adaptacji i rewaloryzacji zabytkowych obiektów podziemnych z wykorzystaniem technik górniczych", Uczelniane Wyd. Naukowo – Dydaktyczne, Kraków, 2005, s. 228.

Tylko te wyżej wymienione obiekty podlegają nadzorowi i kontroli organów państwowych nadzoru górniczego i konserwatora zabytków. Z ustawy wynika, że prowadzone w tych zabytkowych kopalniach prace górnicze mają na celu jedynie ochronę i zabezpieczenie istniejących zabytków a nie ich utrzymanie i zagospodarowanie. Pozostałe podziemne trasy geoturystyczne nie podlegają przepisom Prawa Geologicznego i Górniczego, tylko przepisom lokalnych organów samorządów terytorialnych[15].

[15] MIKOŚ T, „Metodyka kompleksowej rewitalizacji, adaptacji i rewaloryzacji zabytkowych obiektów podziemnych z wykorzystaniem technik górniczych", Uczelniane Wyd. Naukowo – Dydaktyczne, Kraków, 2005, s. 228.

5. Geoturystyka – sposób promocji regionu na przykładzie Górnego Śląska

Geoturystyka podziemna w Polsce jest zjawiskiem stosunkowo nowym, ale bardzo szybko zyskuje zwolenników. Rodzi się moda na zwiedzanie tajemniczych podziemnych obiektów pogórniczych, które kuszą turystów swoją unikatowością, osobliwością i historią. Z tego względu Górny Śląsk – region o bardzo bogatej tradycji górniczej ma możliwość wykreowania, promocji i rozwoju nowego, markowego produktu turystycznego opierającego się na licznych zasobach dziedzictwa poprzemysłowego. Przed starymi, opuszczonymi wraz z całą infrastrukturą kopalniami otwiera się szansa ponownego rozwoju. Wykorzystując zabytki techniki i przemysłu można stworzyć bardzo atrakcyjną ofertę turystyczną lub wzbogacić już istniejącą.

Dostosowywanie starych wyrobisk, budynków i podziemnych korytarzy dla potrzeb turystyki podziemnej związane jest z ochroną konserwatorską obiektów, przez co zachowany jest indywidualny charakter każdego z nich. Ich zabezpieczanie i udostępnianie turystom jest ważnym elementem kulturotwórczym, ale również stanowi szansę aktywizacji gospodarczej regionu, na którym się znajdują[16].

Rozkwit geoturystyki stanowi okazję rozwoju, a także umożliwia złagodzenie bolesnych skutków zamykania nierentownych kopalń na rynku pracy, poprzez tworzenie nowych miejsc w sektorze usługowym[17]. Z tego względu na ziemi Śląskiej – największym skupisku obiektów pogórniczych drzemie ożywienie gospodarcze, które trzeba umiejętnie wykorzystać. Nadarza się okazja uratowania pozostałych kilkusetletnich kopalń i zabytkowych obiektów górniczej architektury poprzemysłowej przez nadanie

---

[16] CZWARTYŃSKA M., „Obszary pogórnicze w postindustrialnej transformacji Górnego Śląska", Warszawa – Kraków, 2008, s.77.

[17] Biblioteczka Polskiej Organizacji Turystycznej „Turystyka w obiektach poprzemysłowych – koncepcja promocji i rozwoju markowego produktu turysycznego w zabytkach techniki i przemysłu w Polsce, POT Warszawa, 2004, s. 5.

im nowych funkcji np. jako podziemne muzea, trasy turystyczne, sanatoria, hotele, miejsca praktyk. Jest to możliwe dzięki ich profesjonalnemu zagospodarowaniu.

Szansa rozwoju regionalnego tkwi we wzroście turystyki industrialnej. Niezbędne jest wsparcie samorządów lokalnych i władz wojewódzkich, które powinny wykonać szereg czynności popularyzacyjnych w celu promocji zabytków zmierzających do ich szerokiego udostępnienia turystycznego np.[18]:

- poprzez organizację imprez edukacyjnych, kulturalnych, festynów,
- stworzenie baz informacyjnych,
- uświadamianie społeczeństwu wartości zabytków techniki,
- wspieranie inicjatyw rozwoju zmierzających do konserwacji, rewitalizacji i udostępniania obiektów turystycznych,
- zwiększenie działań promujących obiekt (kampania reklamowa, materiały informacyjne, broszury reklamowe),
- utworzenie ulg podatkowych, w celu minimalizacji ryzyka inwestycji dla potencjalnych inwestorów,
- pozyskiwanie środków na rewitalizację i ochronę obiektów z funduszy strukturalnych, projektów unijnych, programów rozwojowych,
- stworzenie specjalnej oferty edukacyjnej skierowanej dla szkół, która zaakcentuje edukacyjną rolę zabytków techniki i przemysłu.

Wszystkie te działania samorządowe podnoszą atrakcyjność Górnego Śląska, a przez to wzmocniają potencjał gospodarczy regionu. Oprócz tego należy wyznaczyć kilka ośrodków turystyki industrialnej, wokół których powstałaby szersza oferta turystyczna, skupiająca zarówno cenniejsze obiekty jak i te mniej atrakcyjne.

[18] Biblioteczka Polskiej Organizacji Turystycznej „Turystyka w obiektach poprzemysłowych – koncepcja promocji i rozwoju markowego produktu turysycznego w zabytkach techniki i przemysłu w Polsce, POT Warszawa, 2004, s.26.

W przeciwieństwie do górnictwa, które odchodzi w zapomnienie turystyka jest ponadczasowa. Warto również wspomnieć, iż przemysł na tych terenach miał ogromny wpływ na kulturę i tradycję ludzi. Kopalnie, które tak licznie występują na Śląsku, stanowią unikatowe zabytki techniki, będące doskonałym odzwierciedleniem tradycji i historii tego regionu. Ziemia śląska jest niewątpliwie największym skupiskiem zabytkowych obiektów górniczych[19]. Mimo, że w większości obiekty te wywołują często poczucie dysharmonii, jednak coraz częściej stają się wyznacznikiem swojskości krajobrazu Górnego Śląska, są jego wyróżnikiem, elementem określającym tożsamość regionalną, (...) a rewitalizowane i właściwie eksponowane stają się atrakcją turystyczną"[20]. Są przykładem i egzemplifikacją myśli człowieka, materialnym urzeczywistnieniem jednego z ogniw rozwoju techniki i cywilizacji[21].

Każda epoka tworzyła budowle na miarę swoich czasów i wielkości. Piramidy wznoszono na miarę potęgi jednostki, greckie świątynie czy średniowieczne katedry na miarę potęgi duchowej, zamki na miarę siły militarnej. Podziemne labirynty wyrobisk górniczych wraz z budynkami kopalnianymi, są niewątpliwie pomnikami potęgi gospodarczej. Należą do piramid, katedr i świątyń rewolucji przemysłowej[22].

Obecnie, kiedy likwiduje się nierentowne i słabo doinwestowane technologicznie kopalnie. Na Śląsku pojawia się grupa obiektów, które po zaprzestaniu funkcjonowania zakładów górniczych przeznaczone są do wykorzystania jako obiekty turystyczne. Należy dokonać wszelkich starań aby nadać wytypowanym wyrobiskom nowych wartości użytkowo – funkcyjnych.

[19] CZWARTYŃSKA M., „Obszary pogórnicze w postindustrialnej transformacji Górnego Śląska", Warszawa – Kraków, 2008, s.76.
[20] MYGA - PIĄTEK U., „Przemiany krajobrazów kulturowych w świetle idei zrównoważonego rozwoju", Sosnowiec, 2010.
[21] Konopka M., Obiekty przemysłowe też mogą być zabytkami, [w:] M. Smoktunowicz (red.), Rewitalizacja zabytków techniki. Nowe życie w starych zakładach przemysłowych, Warszawa, 1994.
[22] FLETCHER D., „Ratowanie, restauracja i adaptacja opuszczonych budynków przemysłowych",[w:] M. Smoktunowicz (red.)," Rewitalizacja zabytków techniki. Nowe życie w starych zakładach przemysłowych", Warszawa, 1994.

Jedyną szansą na zachowanie i pokazanie elementów krajobrazu poprzemysłowego, dziedzictwa kulturowego, historii górnictwa, obyczajów i tradycji Górnego Śląska, jest wykorzystanie podziemnych ciągnących się kilometrami korytarzy adaptując je na ścieżki turystyczne. Natomiast pomieszczenia podziemne wraz z infrastrukturą naziemną należy wykorzystać do celów muzealnych. Warto pamiętać także o maszynach górniczych i budowlanych związanych z górnictwem, które stanowią historię rewolucji przemysłowej, myśl techniczną człowieka. Powinno się dołożyć wszelkich starań, aby zarówno ratować historię Górnego Śląska, który jest obecny tutaj na każdym kroku jak i stworzyć alternatywne miejsca pracy dla miejscowej ludności w obliczu konieczności zamykania nierentownych i wyeksploatowanych podziemi. Dlatego wszelkie starania sympatyków i historyków górnictwa, którzy chcieliby zaadaptować kopalnie na podziemne trasy turystyczne należy brać poważnie pod uwagę. To właśnie dzięki takim inicjatywom ratujemy naszą historię.

Nawet w mocno przeobrażonym krajobrazie miejsko – przemysłowym, istnieją takie jego elementy, które po odpowiednim zabezpieczeniu i zaadaptowaniu dla potrzeb turystów mogą stać się, atrakcjami turystycznymi[23]. Działania polegające na rewitalizacji i adaptacji starych zabytkowych obiektów górniczych i kopalń mogą przyczynić się do rozwoju turystyki podziemnej i stać się swoistą wizytówką Górnego Śląska. Zwiększając atrakcyjność regionu, a także doprowadzając do napływu kapitału. Przy odpowiednim zaangażowaniu władz wojewódzkich, przedsiębiorców, środowiska naukowego oraz miejscowej ludności, można stworzyć atrakcyjny produkt turystyki podziemnej. Rozkwit turystyki przyczyniłby się do rozwoju regionalnego, pozwoliłby na poprawę jakości życia mieszkańców i kondycji finansowej miast, gmin i powiatów, co z całą pewnością pozwoliłoby na stworzenie pozytywnego wizerunku turystycznego

[23] RUSZKOWSKI J. - Elementy krajobrazu przemysłowego czynnikiem destynacji turystycznej regionu. Studium na przykładzie „Szlaku Zabytków techniki województwa śląskiego", Sosnowiec, 2010.

obszaru. Geoturystyka podziemna ma predyspozycje aby zostać wizytówką turystyczną Górnośląskiego Okręgu Przemysłowego[24].

[24] NITKIEWICZ – JANKOWSKA A., „Turystyka przemysłowa wizytówką Górnośląskiego okręgu przemysłowego", Wrocław, 2006.

6. Budowa geologiczna Górnośląskiego Zagłębia Węglowego

Górnośląskie Zagłębie Węglowe jest regionalną jednostką geologiczną występującą na Wyżynie Śląskiej i Krakowskiej, Kotlinie Morawskiej i Raciborsko – Oświęcimskiej oraz na Pogórzu Karpackim i pod Beskidami Zachodnimi. Jego granicę pokrywają się z wychodniami górnokarbońskich utworów węglonośnych na obszarze Polski (Górny Śląsk) i Czech (Morawy). Ma ono charakterystyczny kształt trójkąta. Obejmuję powierzchnię około 7500 km^2, z czego większość znajduję się na obszarze Polski. Jest ono jedną z jednostek platformy paleozoicznej położonej na przedpolu Karpat. Geneza i zasadnicze uformowanie nastąpiło w czasie orogenezy waryscyjskiej, natomiast budowa głębokiego podłoża jest zdeterminowana w głównej mierze wykształceniem skonsolidowanych prekambryjskich jednostek strukturalnych. Najmłodsze elementy budowy geologicznej uformowały się w okresie alpejskich ruchów tektonicznych. Na skutek orogenezy alpejskiej nastąpiła przebudowa waryscyjskiego zapadliska przedgórskiego. Przeważająca część GZW znalazła się w zasięgu zapadliska przedkarpackiego wypełnionego utworami trzeciorzędu, a nawet fragmentarycznie pod utworami fliszowymi Karpat. Na pozostałym obszarze w centralnej i częściowo wschodniej części wychodne utworów węglonośnych karbonu odsłaniają się na powierzchni, natomiast w północnej, a także wschodniej, pokryte są utworami mezozoiku: triasu oraz jury, należącymi do monokliny śląsko – krakowskiej[25].

Rozwój serii węglonośnych karbonu nie jest równomierny. Największe miąższości poszczególne serie osiągają w zachodniej części. Osady utworu karbonu węglonośnego są uważane za wypełnienie basenu molasowego orogenu waryscyjskiego, które powstały w warunkach klimatu tropikalnego. W dolnej części kompleksu sedymentacja osadów nastąpiła w środowisku lądowo – morskim, w środkowej w limno – fluwialnym, zaś w górnej we

[25] KOTAS A., „Osady morskie karbonu i ich przejście w utwory produktywne Górnośląskiego Zagłębia Węglowego". W: Karbon Górnośląkiego Zagłębia Węglowego, Prace PIG, 1972.

fluwialno – deltowym. Sedymentacja była uwarunkowana zarówno przez prędkość subsydencji basenu, jak i interakcje lokalnych środowisk, takich jak rzeki, jeziora, torfowiska i morza, co w efekcie doprowadziło do zróżnicowania facjalnego. Skały podłoża utworów węglonośnych karbonu górnego obejmują utwory prekambru, kambru, dewonu i karbonu dolnego. Sumaryczna miąższość osadów węglonośnych oceniana jest na 8500m. Zasoby węgla do głębokości 2000m oszacowano na 150mld ton. Utwory węglonośne karbonu górnego tworzą trzy kompleksy litologiczne: górną część asocjacji węglanowej zaliczanej do karbonu dolnego, asocjację fliszową pogranicza karbonu górnego i dolnego oraz asocjację molasową utworów węglonośnych karbonu górnego. W tej ostatniej wyróżnia się serie litostratygraficzne, którymi są[26]:

- Seria Paraliczna (SP) (namur A) wykształcona jako utwory klastyczne (zlepieńce, piaskowce, mułowce i iłowce) i fitogeniczne (łupki węglonośne i węgle).
- Górnośląska seria piaskowcowa (GSP) (namur B i C), z przewagą utworów gruboklastycznych (piaskowce, zlepieńce) nad osadami ilasto – mułowcowymi.
- Seria mułowcowa (SM) (westfal A i B), w których dominują osady mułowcowo – iłowcowe, a miejscami ławicę piaskowców.
- Krakowska seria piaskowcowa (KSP) (westfal C i D) jest najmłodszą jednostką litostratygraficzną karbonu węglonośnego. Stanowi ona stropową część lądowych (limno – fluwialnych) utworów węglonośnych, składająca się głównie z osadów gruboklastycznych.

[26] KOTAS A., „Osady morskie karbonu i ich przejście w utwory produktywne Górnośląskiego Zagłębia Węglowego". W: Karbon Górnośląkiego Zagłębia Węglowego, Prace PIG, 1972.

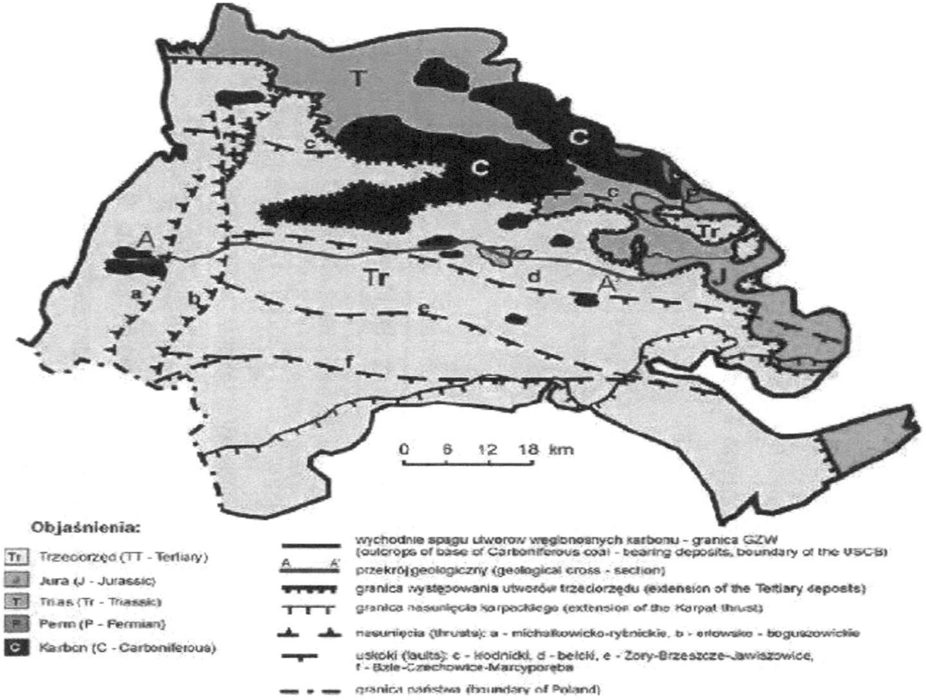

Ryc. 1 Mapa geologiczna odkryta (pod utworami czwartorzędu) Górnośląskiego Zagłębia Węglowego wraz z elementami tektoniki (S.Doktorowicz – Hrebiennicki, Z.Buła, A.Kotas, S.Alexandrowicz)

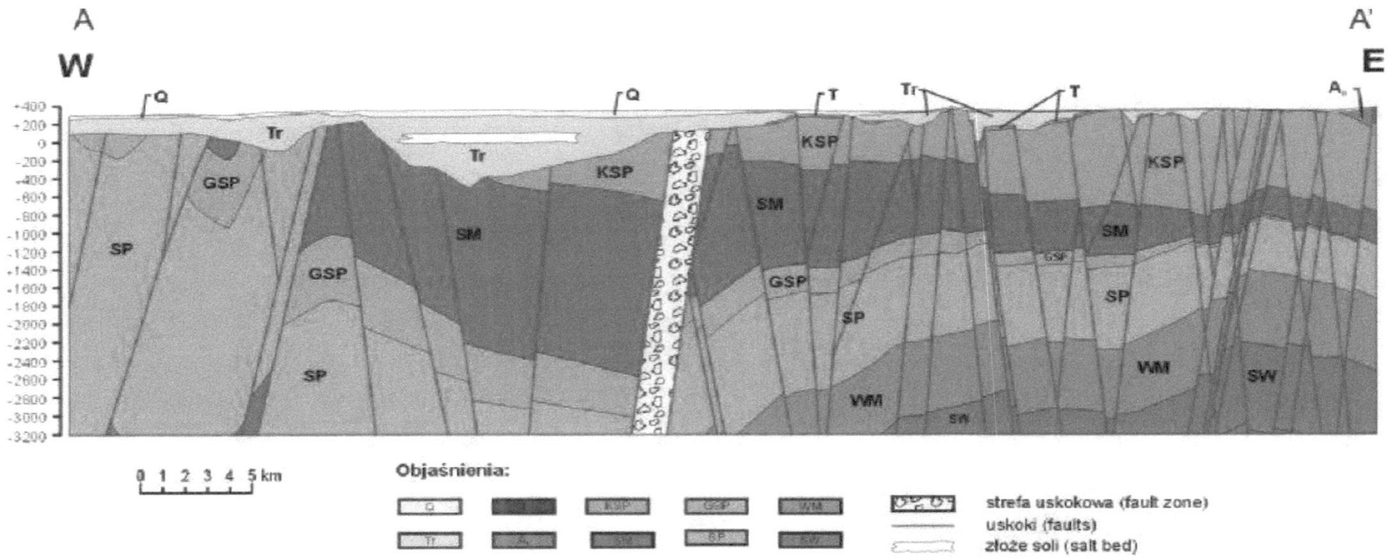

Ryc. 2 Przekrój geologiczny (W-E) przez GZW (W.Krieger): ***Q-czwartorzęd, Tr-trzeciorzęd, T-trias, Ak-arkoza kwaczalska, KSP-krakowska seria piaskowcowa, SM-seria mułowcowa, GSP-górnośląska seria piaskowcowa, SP-seria paraliczna***

7. Wybrane obiekty geoturystyczne na Górnym Śląsku

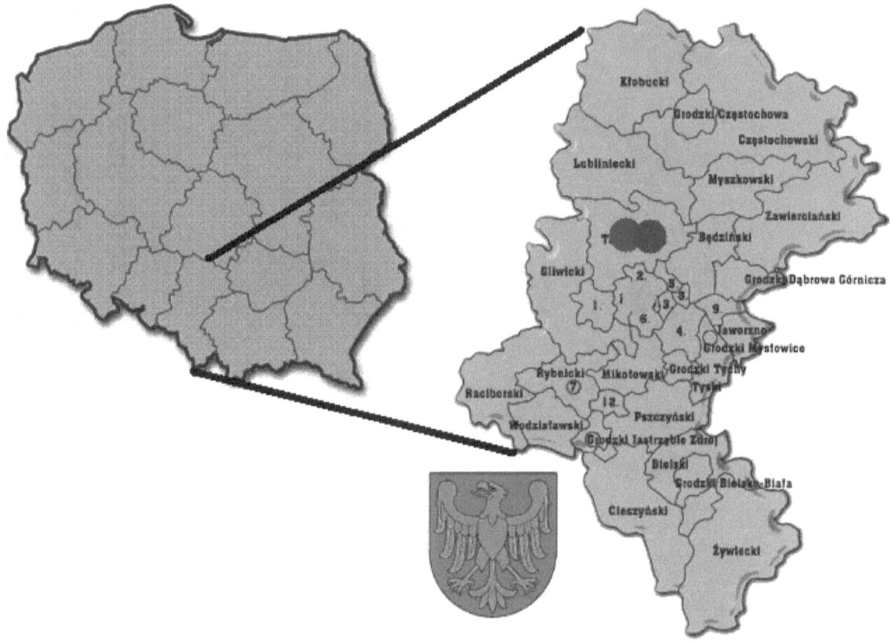

Zabytkowa Kopalnia Rud Srebronośnych w Tarnowskich Górach

Sztolnia Czarnego Pstrąga w Tarnowskich Górach

Zabytkowa Kopalnia Węgla Kamiennego "Guido" w Zabrzu

Ryc. 3 Lokalizacja wybranych obiektów geoturystycznych na terenie województwa Śląskiego

7.1 Zabytkowa Kopalnia Węgla Kamiennego „Guido" w Zabrzu

Lokalizacja:
województwo śląskie
powiat zabrzański
gmina Zabrze
miejscowośc Zabrze

Rejon geograficzny:
Wyżyna Śląska
Wyżyna Katowicka

Jednostka geologiczna:
Struktura Śląsko - Morawska
Niecka Górnośląska
Górnośląskie Zagłębie Węglowe

W południowej części miasta Zabrze na terenie województwa Śląskiego, geologicznie należąca do Górnośląskiego Zagłębia Węglowego, znajduje się stara kopalnia, która eksploatowała węgiel kamienny. Historia obiektu sięga XIX wieku – związana jest z rewolucją przemysłową na Śląsku. Twórcą i jednocześnie właścicielem zakładu był magnat ziemski i przemysłowy Książę Guido Henckel von Donnersmarck. Założył on kopalnię w 1855 roku, która została nazwana na cześć założyciela „GUIDO". Po wyeksploatowaniu złóż węgla kamiennego, została przekształcona w główny węzeł odwadniający pobliskie kopalnie, który w latach 30 XX wieku stracił na znaczeniu. W 1967 roku utworzono tutaj "Kopalnię Doświadczalną Węgla Kamiennego M-300", w której testowane były maszyny górnicze. W 1987 roku Wojewódzki Konserwator wpisał XIX wieczny obiekt na listę dziedzictwa przemysłowego. Zostały podjęte działania mające na celu uratowanie obiektu , zakładając w nim muzeum i otwierając podziemną trasę turystyczną. W 1986 roku utworzono „Skansen Górniczy Guido", który przetrwał do 1996 roku. W tamtych czasach była to jedyna kopalnia węgla kamiennego, która udostępniana była turystom. 16 Czerwca 2007 ponownie została otwarta dla celów turystycznych, inicjatorem uruchomienia jest Gmina Miejska Zabrze oraz Województwo Śląskie. Zrekonstruowany został wystrój ówczesnej kopalni jako ścieżki edukacyjnej, stając się "Zabytkową Kopalnią Węgla Kamiennego GUIDO".

Odwiedzający kopalnię ma możliwość obejrzenia unikatowej XIX wiecznej zabudowy powierzchniowej wraz z wyrobiskiem a także wyposażeniem technicznym i ekspozycją przedstawiającą pracę górnika i metody wydobycia węgla kamiennego na przełomie XIX i XX wieku. Dla turystów udostępnione są dwie trasy turystyczne na głębokości 170 i 320 metrów, do których zjeżdza się szybem w oryginalnej górniczej klatce. Kopalnia liczy około 2010 m bieżących wyrobisk górniczych i komór o łącznej kubaturze około 10 000 m^3. Ma na celu udostępnianie wyrobisk podziemnych i zgromadzonych eksponatów dla zwiedzających, a także upowszechnia i popularyzuje dobra kultury w zakresie historii techniki i kultury górniczej oraz prowadzić będzie działalnośc naukowo – badawczą i edukacyjną[27]. W kopalni występują dwie trasy turystyczne na różnych poziomach głębokości:

Poziom 170 – wprowadza zwiedzającego do autentycznego górniczego XIX wiecznego świata idealnie zachowanych tuneli, murowanych komór i pomieszczeń, w których znajdują się ekspozycję ukazujące kulturę, tradycję i narzędzia górnicze: lampy, sprzęt ratunkowy. Ciekawym widokiem jest ponad stu letnia stajnia znajdująca się pod ziemią. Kiedyś konie zastępowały pracę maszyn. Temperatura wewnątrz kopalni wynosi ok.10-14°C.

---

[27] http://www.kopalniaguido.pl/index.php/trasy-turystyczne/poziom-170.html, dostęp: sierpień, 2011.

Poziom 320 – kurs w stronę nowoczesnej technologi wydobywczej. Maszyny znajdujące się w wydrążonych korytarzach: kombajn chodnikowy Alpina, 250 tonowy zbiornik na surowy węgiel, przenośniki taśmowe. Niezapomnianych emocji dostarczy zejście nachylonym chodnikiem w głąb wyrobiska pod kątem 18stopni. Zwiedzający turysta na tym poziomie zaopatrzony jest w hełm, lampę i pochłaniacz, może przez chwilę poczuć się jak prawdziwy górnik, który przemieszcza się wąskimi i ciemnymi korytarzami pełnymi unoszącego się pyłu, a także wyobrazić sobie jak ciężka i męcząca musiała być praca górnika w takich warunkach. Pozna technikę transportu i wydobycia węgla na przełomie XIX i XX wieku oraz prymitywnych zabezpieczeń przed wybuchem pyłu węglowego. Dowie się co to strop i spąg, do czego służą sejsmografy, sejsmometry. Te wszystkie atrakcję czekają zwiedzającego na głębokości 320 metrów[28].

Charakterystyka Zabytkowej Kopalni Węgla Kamiennego „Guido"

W skład elementów naziemnych kopalni wchodzą:

- budynki nadszybia szybu „Kolejowego" i szybu „Guido",
- wieża wyciągowa szybu „Kolejowego",
- budynek maszyny wyciągowej szybu „Kolejowego",
- budynek łaźni górniczej i lampiarni (zagospodarowany na pomieszczenia biurowe i punkty obsługi turystów).

[28] http://www.kopalniaguido.pl/index.php/trasy-turystyczne/poziom-320.html, dostęp: sierpień, 2011.

Podziemną strukturę tworzą:

- szyb „Kolejowy" – zjazdowy udostępniony na poziomy 170 i 320 m,
- szyb „Guido" – wentylacyjny, zagłębiony do poziomu 170 m, z zabudowanym urządzeniem wyciągowym,
- szybik „Guido" – pomiędzy poziomami 170 a 320 m, z zabudowanym urządzeniem wyciągowym,
- zespół wyrobisk poziomych na poziomie 170 m, łączący szyb „Kolejowy" z szybem „Guido" o strukturze kamiennej, obejmujący: podszybia, stajnie, komory, przekop wentylacyjny oraz chodniki,
- zespół wyrobisk na poziomie 320 m, kamiennych i węglowych (w pokładzie 620), w obudowie murowej, stalowej, kotwowej i bez obudowy, obejmujący: podszybia, przekopy, chodniki, upadową i komory.

Zagrożenia naturalne i techniczne[29]:

- metanowe - nie występują,
- tąpaniami - nie występują,
- wodne – drugi stopień,
- wybuchem pyłu węglowego – klasa B (pokład 620),
- pożarowe – nie występują,
- radiacyjne – nie występują.

[29] Badania wykonane przez Główny Instytut Górniczy w Katowicach.

7.2 Zabytkowa Kopalnia Rud Srebronośnych w Tarnowskich Górach

Lokalizacja:

województwo śląskie
powiat tarnogórski
gmina Tarnowskie Góry
miejscowośc Tarnowskie Góry

Rejon geograficzny:

Skraj niziny i wyżyny Śląskiej

Garb Tarnogórski

Jednostka geologiczna:

Struktura Śląsko - Morawska

Niecka Górnośląska

Górnośląskie Zagłębie Węglowe

W północnej części górnośląskiego Okręgu Przemysłowego na jednym ze wzniesień Garbu Tarnogórskiego zbudowanego z mas wapieni i dolomitów stanowiącego część grzbietu wapienia muszlowego, leży miasto Tarnowskie Góry – kolebka górnictwa górnośląskiego. Rejon ten od XII w. był terenem intensywnej eksploatacji górniczej, aż do 1912 roku – upadku tarnogórskiego górnictwa. Przez ten czas wykuto w dolomicie ponad 20 tysięcy szybów, szybików. Po dawnym górnictwie pozostał ogromny podziemny labirynt w postaci wyrobisk, korytarzy, komór, chodników o łącznej długości około 150 km i wysokości od 0,6 do 4 m. Podziemia te zawsze wzbudzały podziw i fascynacje ludzi dlatego też usilnie starano się je udostępnić szerszemu społeczeństwu w formie *„Kopalni Pokazowej"*. W okresie międzywojennym magistrat tarnogórski powołał grupę ludzi, których celem było utworzenie podziemnego muzeum górniczego. W 1938r. miasto otrzymuje pozwolenie górnicze na budowę, która po uruchomieniu miała ściągnąć turystów i stać się atrakcją turystyczną. Wojna przerwała rozwój planów aż do 1954 kiedy do życia powołane zostało Stowarzyszenie Miłośników Historii i Zabytków Ziemi Tarnogórskiej, które stawiło sobie cel, odbudowę Kopalni Zabytkowej. Skupiło ono wokół siebie wielu entuzjastów i zapaleńców. Rozpoczęto intensywne badanie podziemi. Wykupiono i zagospodarowano teren pod nadszybie szybu „Anioł". Po długich latach odbudowy, przy zaangażowaniu społecznym 5 września 1976r. – w 450 rocznicę nadania praw miejskich Tarnowskim Górom – przekazano społeczeństwu do użytku *„Kopalnię Zabytkową Rud Srebronośnych"* – unikalny Zabytek Górnictwa Kruszcowego, która czynna jest do dnia dzisiejszego[30].

Kopalnia zabytkowa położona jest w południowej części miasta. W jej skład wchodzą zrekonstruowane wyrobiska chodnikowe i komory poeksploatacyjne pochodzące z XVII, XVIII, XIX i początku XX wieku znajdujące się około 40 m od powierzchni terenu. Ochronie podlegają wyeksponowane wyrobiska, fragmenty obudowy chodników i komór a także zabepieczenie stropów. Trasę turystyczną stanowi ciąg zamknięty o łącznej długości około 1740 metrów wyznaczony pomiędzy szybami *„Anioł"*, *„Szczęść Boże"* i *„Żmija"*. Pierwszy służy do celów zjazdowych i transportowych, drugi jest obecnie zasypany, a trzeci funkcjonuje jako szyb wentylacyjny[31].

Na głębokości 40 metrów z podszybia szybu *„Anioł"* można wejść chodnikiem *„Staszica"* do pierwszej komory *„Srebrnej"* o powierzchni 500 m^2. Jest ona zachowana w stanie pierwotnym z odtworzonym stanowiskiem pracy gwarków. W celu wzmocnienia słabych warstw stropowych zastosowano obudowę kotwową. W głębi komory znajduje się ekspozycja

[30] http://www.kopalniasrebra.pl/kopalnia/historia.htm, dostęp: sierpień 2011.
[31] MIKOŚ T, „Metodyka kompleksowej rewitalizacji, adaptacji i rewaloryzacji zabytkowych obiektów podziemnych z wykorzystaniem technik górniczych", Uczelniane Wyd. Naukowo – Dydaktyczne, Kraków, 2005, s.222.

przedstawiająca pozostawione narzędzia oraz sterta urobionej rudy ołowiu. Wychodząc z komory *„Srebrnej"* podążamy do drugiej zwanej *„Zawałową"* wyeksponowana jest w niezmienionym stanie, tak jak w okresie jej eksploatacji w XIX wieku. Powierzchnia komory wynosi 1500 m^2 można w niej zobaczyć duże głazy dolomitu, które skutkiem niszczącego działania sił górotworu obsunęły się ze stropu, tworząc zawał. W części centralnej komory znajdują się drewniane wózki z końca XVIII wieku z załadowanym urobkiem.W przedniej części komory widoczny jest lej krasowy w kształcie dzwonu – grubszy u podstawy posiadający średnicę 9 m oraz głębokości dotychczas nie poznanej. Wychodząc z komory *„Zawałowej"* przechodzimy obok figury św. Barbary, patronki górników. Dalej trasa prowadzi poprzez starą prochownię, niski chodnik do komory *„Niskiej"*, o największej powierzchni 2000 m^2. Po drodze mijamy źródełko z wodą, dochodząc do zasypanego szybu *„Szczęść Boże"*. Schodząc poniżej znajdujemy się na przystani chodnika wodnego, który przepłyniemy łodziami do trzeciego szybu zwanego *„Żmiją"*. Długość trasy wodnej to 270 m. Od szybu prosto chodnikami komorowymi podążamy do szybu *„Anioł"*. W drodze towarzyszą nam komory zabezpieczone pasami podsadzki z kamienia, wykonanymi przez gwarków. Oprócz tego możemy zobaczyć współczesne obudowy chodnikowe: łukowe, prostokątne i murowane wykonane podczas rekonstrukcji kopalni. Po czym dochodzimy do podszybia szybu „Anioł", skąd następuje wyjazd klatką na powierzchnię[32].

[32] http://www.kopalniasrebra.pl/kopalnia/historia.htm, dostęp: sierpień 2011.

Ryc. 4 Przekrój geologiczny szybu „Anioł"

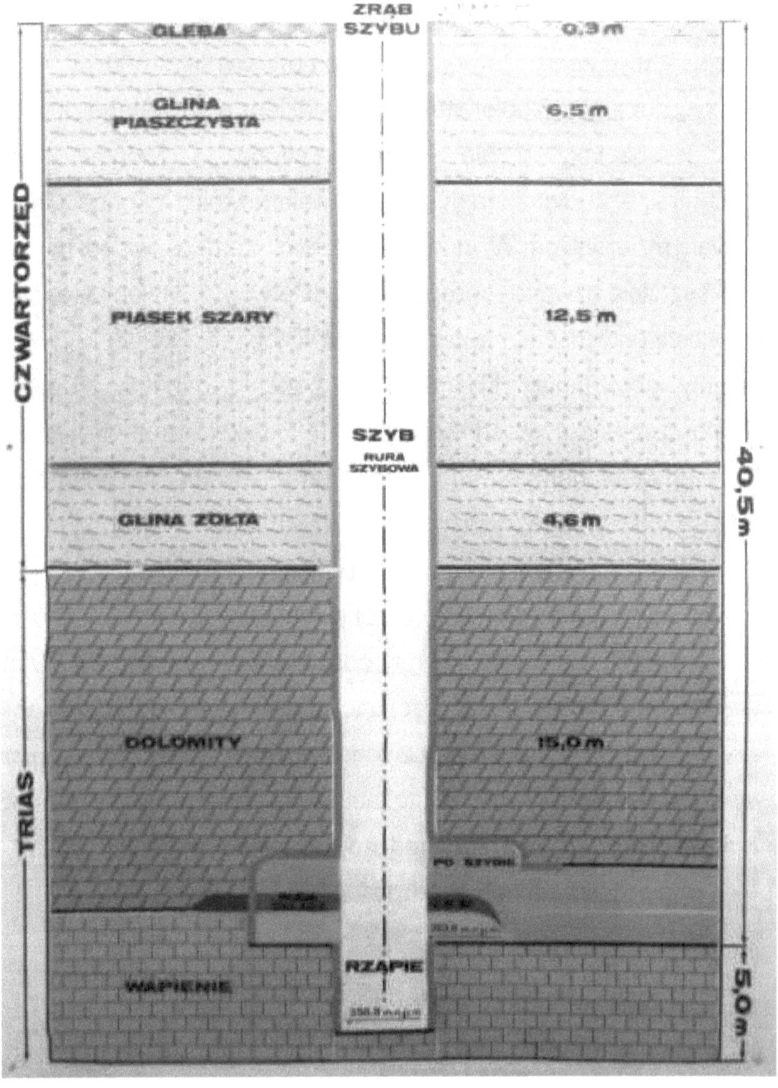

Źródło: http://www.fortyfikacje.com/, dostęp sierpień, 2011.

7.3 Sztolnia Czarnego Pstrąga w Tarnowskich Górach

Lokalizacja:

województwo śląskie
powiat tarnogórski
gmina Tarnowskie Góry
miejscowośc Tarnowskie Góry

Rejon geograficzny:

Skraj niziny i wyżyny Śląskiej

Garb Tarnogórski

Jednostka geologiczna:

Struktura Śląsko - Morawska

Niecka Górnośląska

Górnośląskie Zagłębie Węglowe

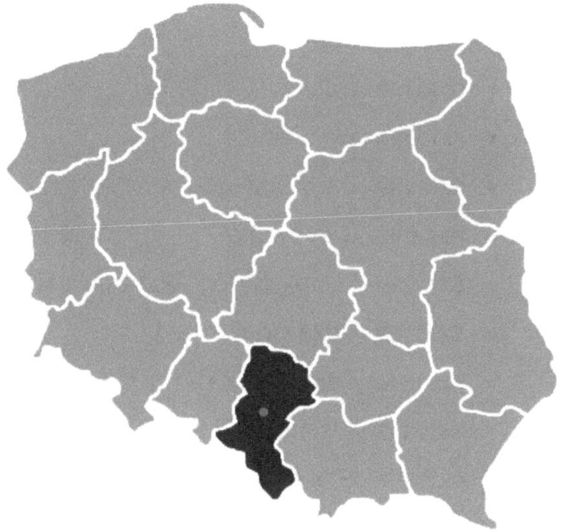

Technika górnicza stosowana przez dawnych górników polegała na rozpoznaniu złoża płytkimi szybikami, które następnie stawały się wyrobiskami udostępniającymi złoża. Sięganie do niższych poziomów nastręczało wiele trudności z opanowaniem i odprowadzaniem wody, dlatego metody odwadniania wyrobisk były, obok transportu, najtrudniejszym problemem technicznym. Podstawowa metoda odwadniania polegała na wyciąganiu wody na powierzchnię kubłami. Im głębiej sięgano do złóż tym większy był dopływ wody. Ta sytuacja powodowała konieczność szukania innych możliwości odwadniania i udoskonalania urządzeń. Dlatego też w drugiej połowie XVI wieku przystąpiono do budowy pierwszych sztolni odwadniających, tworząc grawitacyjne systemy odwadniające[33].

[33] *http://kopalniasrebra.pl/kopalnia/zwiedzanie.htm*, dostęp sierpień, 2011.

Znaczna długość sztolni , właściwy kierunek, nachylenie podczas budowy oraz liczność ich występowania budzi podziw dla umiejętności ówczesnych górników. Wspaniałym przykładem są sztolnie tarnogórskie wydrążone w latach 1547 do 1834:

- sztolnia „Daniela”,
- sztolnia „Św. Jakuba”,
- sztolnia „Daru Bożego”,
- sztolnia „Krakowska”,
- sztolnia „Pomagaj Bóg” pod Sowicami,
- sztolnia „Boże Dopomóż”,
- sztolnia „Tarnogórska”,
- sztolnia „Wspomóż Bóg”,
- sztolnia „Głęboka – Fryderyk” (Czarnego Pstrąga).

Ze względu na dobry stan zachowania sztolni członkowie sekcji ochrony zabytków postanowili zainicjować pomysł zabezpieczenia i udostępnienia społeczeństwu tego obiektu geoturystycznego. Został on oddany dla ruchu turystycznego kilkanaście lat wcześniej niż kopalnia, ze względu na mniejszy nakład pracy przy odbudowie. Odbudowano częściowo szyby wentylacyjne i wykorzystano je jako wejście i wyjście na powierzchnię. Stało się to w 1957 roku. Prace adaptacyjne wykonano w stosunkowo krótkim czasie, siłami członków Stowarzyszenia Miłośników Ziemi Tarnogórskiej, bez angażowania specjalistycznych przedsiębiorstw. Jej efektem było udostępnienie 600 metrowego wodnego odcinka. Sztolnia znajduje się pomiędzy dwoma starymi szybami „Ewa” o głębokości 20 m zbudowanego w 1826 roku jako szyb kontrolny i wentylacyjny, stanowi również przystań dla łodzi i „Sylwester” o głębokości 30 m stanowiący podobne funkcje. Nadszybie ma kształt rotundy, jest to zachowana stylowa forma dla tego rodzaju obiektów górniczych.

Wysokość korytarzy waha się od 3 do 6 m. Szerokość wynosi od 1,3 do 2,5 m. Poziom wody oscyluje w granicach 1 m. Zwiedzanie sztolni odbywa się ruchem wahadłowym i polega na przepływie łodziami całego odcinka trasy między obydwoma szybami wydrążonymi w skale dolomitycznej. Temperatura wewnątrz wynosi 10°C. Nazwa sztolni wzięła się od nazwy ryby „pstrąg", który wydaje się być czarny w wodzie i funkcjonuję po dzień dzisiejszy[34].

[34] MIKOŚ T, „Metodyka kompleksowej rewitalizacji, adaptacji i rewaloryzacji zabytkowych obiektów podziemnych z wykorzystaniem technik górniczych", Uczelniane Wyd. Naukowo – Dydaktyczne, Kraków, 2005, s.233.

8. Wykaz innych obiektów kopalnych przekształconych w obiekty geoturystyczne w Polsce

- Kopalnia Soli w Wieliczce,
- Kopalnia Soli w Bochni,
- Kopalnia Soli w Kłodawie,
- Kopalnia Złota w Złotym Stoku,
- Neolityczna Kopalnia Krzemienia (Krzemionki k/Opatowa),
- Kopalnia Uranu w Kletnie,
- Kopalnia Złota w Złotoryji,
- Chełmskie Podziemia Kredowe w Chełmie, które widnieją poniżej.

<u>Lokalizacja:</u>
województwo lubelskie
powiat chełmski
gmina Chełm
miejscowośc Chełm

Warto również opisać *„Chełmskie Podziemia Kredowe"* ze względu na całkowicie odmienną historię powstania tego obiektu geoturystycznego w porównaniu z poprzednimi.

Podziemia te znajdują się w centrum starego miasta Chełm. Pierwotnie nie była to celowo zbudowana kopalnia, a jedynie korytarze wykopywane przez właścicieli domów tam mieszkających. Już od XIII wieku - *„górnikami amatorami"* była większość mieszkańców Chełma. Każdy z nich w miarę swoich umiejętności i sposobów, wydobywał kredę z piwnicy. Za pomocą łuczyw i kaganków. Kredę mieszkańcy sprzedawali wędrownym kupcom, bowiem przez Chełm przebiegał szlak handlowy z Lublina do Lwowa. Była ona cennym surowcem o wysokiej zawartości węglanu wapnia ($CaCO_3$). Grubość skał kredowych sięga do 800m. Największy rozwój chełmskich kopalni, a zarazem popyt na kredę przypada na wiek XVI. Było to związane z rozwojem budownictwa w całej Polsce. Rozwijały się prywatne kopalnię. Po jakimś czasie tunele sąsiadów zaczęły się ze sobą łączyć, tworząc labirynt o głębokości sięgającej 20m. Wynikały z tego faktu również katastrofy, w XVII wieku zapadła się ulica w centrum miasta. W 1787r. wydano pierwszy oficjalny zakaz kopania kredy pod ulicami miasta. Pierwsza wycieczka w głąb chełmskich podziemi zorganizowana została w 1911r. Dwadzieścia pięć lat później ciągiem korytarzy zainteresował się kierownik budowy wodociągów miejskich inż. Denisow. Przygotował krótką trasę dla zwiedzających na odcinku 150m. W 1974 r. korytarze rozciągające się pod chełmską starówką zostały wypełnione piaskiem i rumoszem kredowym w celu zwiększenia bezpieczeństwa, aby zapobiec wcześniejszym katastrofom.

Do zwiedzania przygotowana została oświetlona i zabezpieczona trasa turystyczna o długości 2 km. Zwiedzanie kopalni w kasku na głowie i z lampą trwa ok. 50 minut, temperatura w podziemiach wynosi 9°C. Wilgotność powietrza waha się od 70 do 85%. Wewnątrz można oglądać ekspozycję archeologiczną i górniczą. W 1994 roku kopalnia została wpisana do rejestru jako zabytek trzeciej klasy, unikatowa pozostałość górnictwa staropolskiego i kredowego w Europie[35].

[35] http://www.podziemiakredowe.pl/, dostęp październik, 2013.

9. Zakończenie

Od 2004 roku Polska należy do Unii Europejskiej, która narzuciła restrykcyjne normy emisji dwutlenku węgla, które co roku są zmniejszane. Ma to na celu ograniczenie zużycia i poszukiwanie alternatywnych źródeł energii. W wyniku czego wydobycie staje się mniej opłacalne, ze względu na wysokie opłaty za niedostosowanie się do norm.

Należy jednak zwrócić uwagę na fakt, iż Unia Europejska może również współfinansować rewitalizację zamykanych obiektów pogórniczych. Jest to szansa rozwoju obszaru oraz miejscowej ludności, która po zamknięciu nierentownych kopalń pozostaje bez pracy.

Rozwiązaniem jest rewitalizacja obiektów pogórniczych poprzez nadanie im nowych funkcji użytkowych. Każdy obiekt podziemny dobrze wypromowany może stać się atrakcją turystyczną regionu i przysiągnąć turystów.

Z drugiej jednak strony warto wspomnieć iż droga, którą trzeba przejść aby przekształcić kopalnię w obiekt geoturystyczny jest trudna i zawiła. Wymaga zaangażowania wielu specjalistów z różnych dziedzin nauki.

Dlatego tak ważna staje się geoturystyka.

Bibliografia

- ALEXANDROWICZ Z., I Międzynarodowe Sympozjum nt. *„Ochrona Dziedzictwa Geologicznego", Chrońmy Przyrodę Ojczystą*, 1991
- ALEXANDROWICZ Z., *„Geoparki – nowe wyzwanie dla ochrony dziedzictwa geologicznego"*, Przegląd Geologiczny 54, 2006
- Biblioteczka Polskiej Organizacji Turystycznej *„Turystyka w obiektach poprzemysłowych* – koncepcja promocji i rozwoju markowego produktu turysycznego w zabytkach techniki i przemysłu w Polsce, POT Warszawa, 2004
- CZWARTYŃSKA M., *„Obszary pogórnicze w postindustrialnej transformacji Górnego Śląska",* Warszawa – Kraków, *2008*
- FLETCHER D., „Ratowanie, restauracja i adaptacja opuszczonych budynków przemysłowych",[w:] M. Smoktunowicz (red.)," Rewitalizacja zabytków techniki. Nowe życie w starych zakładach przemysłowych", Warszawa, 1994
- KICKI J, JAROSZ J, *„Zabytkowe obiekty górnicze – ocalić od zapomnienia",* Polska Akademia Nauk, Kraków, 2007
- Konopka M., Obiekty przemysłowe też mogą być zabytkami, [w:] M. Smoktunowicz (red.), Rewitalizacja zabytków techniki. Nowe życie w starych zakładach przemysłowych, Warszawa, 1994
- KOTAS A., *„Osady morskie karbonu i ich przejście w utwory produktywne Górnośląskiego Zagłębia Węglowego".* W: Karbon Górnośląkiego Zagłębia Węglowego, Prace PIG, 1972
- KOTAS A., *„Ważniejsze cechy budowy geologicznej GZW na tle pozycji tektonicznej i budowy głębokiego podłoża utworów produktywnych".* W: Problemy geodynamiki i t'pań. Komitet Górnictwa PAN Kraków, 1972
- MAZURKIEWICZ M, *„Problemy likwidacji kopalń podziemnych",* Kraków, *2004*

- MIKOŚ T, *„Górnicze skarby przeszłości: od kruszcu do wyrobu i zabytkowej kopalni"*, Kraków, 2008
- MIKOŚ T, *„Metodyka kompleksowej rewitalizacji, adaptacji i rewaloryzacji zabytkowych obiektów podziemnych z wykorzystaniem technik górniczych"*, Uczelniane Wyd. Naukowo – Dydaktyczne, Kraków, *2005*
- MIŚKIEWICZ K., DOKTOR M., SŁOMKA T., *„Naukowe podstawy geoturystyki – zarys problematyki", Geoturystyka 4(11),* Kraków 2007
- MYGA - PIĄTEK U., *„Przemiany krajobrazów kulturowych w świetle idei zrównoważonego rozwoju"*, Sosnowiec, 2010
- NITKIEWICZ – JANKOWSKA A., *„Turystyka przemysłowa wizytówką Górnośląskiego okręgu przemysłowego"*, Wrocław, 2006
- PLUTA I, *„Prace Naukowe Głównego Instytutu Górnictwa"*, Katowice, 2005
- PRZECŁAWSKI K., *„Człowiek a turystyka"*, Kraków, 1997
- RUSZKOWSKI J., *"Elementy krajobrazu przemysłowego czynnikiem destynacji turystycznej regionu. Studium na przykładzie „Szlaku Zabytków techniki województwa śląskiego"*, Sosnowiec, *2010*
- SŁOMKA T, KICIŃSKA – ŚWIDERSKA A., *„Geoturystyka – podstawowe pojęcia"*, Kraków, *2004*
- STUPNICKA E, *„Geologia regionalna Polski"*, Warszawa, 1997
- TAJDUŚ A., MIKOŚ T., CHMURA J., *„Wkład pracowników Wydziału Górnictwa i Geoinżynierii AGH w Krakowie w dzieło zabezpieczania i rewitalizacji podziemnych obiektów zabytkowych"*, Wrocław, *2006*

Materiały internetowe:

- *http://planetaziemia.pan.pl/*
- *http://gornyslask.net.pl/*
- *http://geoturystyka.blogspot.pl/*
- *http://kopalniaguido.pl/*
- *http://tg.net.pl/*
- *http://kopalniasrebra.pl/*
- *http://www.polskiepodziemia.ugu.pl/*
- *http://www.podziemiakredowe.pl/*
- *http://www.fortyfikacje.com/*

Źródła prawa:

- Rozporządzenie Ministra Spraw Wewnętrznych i Administracji z dnia 14 czerwca 2002 r. w sprawie zagrożeń naturalnych w zakładach górniczych. (Dz. U. z dnia 1 lipca 2002 r.)
- Prawo Geologiczne i Górnicze - Dział III. Wydobywanie kopalin, Rozdział 5. Likwidacja zakładu górniczego, Art. 80 *Obowiązki pracodawcy w razie likwidacji zakładu górniczego.*
- Ustawa z dnia 4 lutego 1994 roku Prawo Geologiczne i Górnicze rozdział 5 art. 80 Rozporządzenie Rady Ministrów z dnia 20 czerwca 2007 roku. Zmieniające rozporządzenie w sprawie objęcia przepisami Prawa Geologicznego i Górniczego prowadzenia określonych robót podziemnych z zastosowaniem techniki górniczej.

Spis tabel

Tabela 1. Zbiorczy schemat postępowania w programie kompleksowego i uniwersalnego zagospodarowania zabytkowych podziemi górniczych........15

Tabela 2. Podziemne trasy turystyczne w Polsce objęte przepisami Prawa Geologicznego i Górniczego i będące pod nadzorem Konserwatora Zabytków..21

Spis ilustracji

Rycina 1 Mapa geologiczna odkryta (pod utworami czwartorzędu) Górnośląskiego Zagłębia Węglowego wraz z elementami tektoniki............30

Rycina 2 Przekrój geologiczny (W-E) przez GZW..................................31

Rycina 3 Lokalizacja wybranych obiektów geoturystycznych na terenie województwa Śląskiego...32

Rycina 4 Przekrój geologiczny szybu „Anioł”..40

FSC
www.fsc.org
MIX
Papier | Fördert gute Waldnutzung
FSC® C083411

Kolibri 360 GmbH
Ferdinand-Jühlke-Straße 7
99095 Erfurt, Deutschland
produktsicherheit@kolibri360.de

Druck:
CPI Druckdienstleistungen GmbH
im Auftrag der
Kolibri 360 GmbH
Ferdinand-Jühlke-Str. 7
99095 Erfurt